工程训练(Ⅰ)报告

Engineering Training Ⅰ Report

天津理工大学工程训练中心 编

天津大学出版社
TIANJIN UNIVERSITY PRESS

内容简介

本书主要内容包括:工程训练(Ⅰ)安全总则,工程训练(Ⅰ)学生守则,工程训练(Ⅰ)报告(安全部分),工程训练(Ⅰ)报告车工部分、钳工部分、铣刨磨部分、铸造部分、数控部分、焊接部分、热处理部分、机电部分、总结部分。本书适用于工科类专业学生做工程训练(金工实习),也可适用于非工科专业学生选修使用。

图书在版编目(CIP)数据

工程训练(Ⅰ)报告/天津理工大学工程训练中心编.—天津:天津大学出版社,2014.7(2018.1重印)
ISBN 978-7-5618-5142-5

Ⅰ.①工…　Ⅱ.①天…　Ⅲ.①机械制造工艺-高等学校-教材　Ⅳ.①TH16

中国版本图书馆CIP数据核字(2014)第175886号

出版发行	天津大学出版社
地　　址	天津市卫津路92号天津大学内(邮编:300072)
电　　话	发行部:022-27403647
网　　址	publish.tju.edu.cn
印　　刷	天津泰宇印务有限公司
经　　销	全国各地新华书店
开　　本	185mm×260mm
印　　张	2.75
字　　数	69千
版　　次	2014年8月第1版　2017年8月第2版
印　　次	2018年1月第7次
定　　价	18.00元

目　录

工程训练（Ⅰ）安全总则

第一条　必须牢固树立"以人为本，安全第一，预防为主"的思想，所有参与工程训练（Ⅰ）实训的人员必须加强法制观念，认真执行国家有关安全生产、劳动保护相关的政策、法令、规定。

第二条　严格遵守学校及中心的安全技术操作规程和各项工程训练规章制度。

第三条　尊重实训指导教师，认真听课，虚心接受辅导，服从分配。

第四条　严格遵守安全劳动纪律和操作规程，实训期间不许从事一切与实训无关的事，使用计算机操作时，严禁私自下载或删改文件。

第五条　实训期间未参加安全教育课者应暂停实训，待补课后方能上岗。实训期间请假应持医院假条或学院请假证明并经中心批准，否则，按旷课处理。凡实训期间请假时间超过全部实训时间的三分之一以上（含三分之一）者，或旷课三天以上（含三天）者，实训成绩以零分计。

第六条　未经允许，不得使用任何仪器设备。要爱护国家财产，在实训指导教师的指导下，正确使用仪器设备、夹具、工具和量具，并做好维护和清洁工作，如果造成损坏，视原因及损坏程度由责任人承担修理费用，无故丢失照价赔偿。

第七条　按照要求对设备进行检查，并填写点检表。操作中如发现仪器设备出现不正常情况，应立即停止操作，并及时报告实训指导教师。若遇紧急情况时应立即按急停键或关掉电源，听从实训指导教师指挥，顺序撤离实训车间。

第八条　各种消防器材、工具应按消防规范设置齐全，不准随意动用；安放地点周围，不得堆放其他物品。

第九条　随身携带教材和报告，实训过程中要独立完成实训任务和撰写报告。

第十条　保持操作现场的整洁，做到文明实训。

工程训练中心

二〇一七年六月制定

工程训练（Ⅰ）学生守则

第一条　学生进入实训场地，必须严格遵守各项规章制度，按所用设备的安全操作规程操作，杜绝违章操作。

第二条　遵守纪律，不允许在实训场地吵闹、打逗、吃零食、使用手机，保证实训教学正常进行。

第三条　听从指导教师安排，未经许可不得操作任何设备。若遇紧急情况时应按急停键或关掉电源，听从实训指导人员指挥，顺序撤离实习车间。

第四条　不准穿凉鞋或拖鞋（皮拖）、裙子或短裤进入实训场地，实习中除焊接工种外一律不准戴手套，女同学必须戴工作帽。树立安全第一的意识。

第五条　操作机床时，同组人员超过两人时，只准许一人进行操作。坚守岗位，不准串岗、闲聊，机床开动后，不准私自离开。

第六条　每天实训结束时，应听从实训指导教师安排，做好场地清洁工作。

工程训练中心

二〇一七年六月制定

我已经认真阅读了《工程训练（Ⅰ）安全总则》和《工程训练（Ⅰ）学生守则》，通过安全教育认识到安全和纪律的重要性，在实训过程中我将自觉地遵守《总则》和《守则》的要求。

（请将上述语句在下面空白处抄写一遍）

签名：

日期：

工程训练(Ⅰ)报告(安全部分)

成绩评定 ________ 指导教师签字:________

姓　　名:__________ 学　　号:__________ 实训日期:__________

学　　院:__________ 专业班级:__________

一、填空(共55分,每空5分)

得分	

1. 三级安全教育是全员教育、______________和______________。
2. 主要危险和危害因素有:物体打击、_________、_________、_________。
3. 岗位三清楚是:______________、______________、______________。
4. 操作三必须是:必须遵守安全规章制度、____________、____________。
5. 安全的实质是______________。

二、判断题(共30分,每题3分)

得分	

(　　)1. 实训期间,头发短的女同学可以不用戴帽子。

(　　)2. 实训期间,在指导人员同意的情况下,同学可以自己设计并使用中心的设备做自己想做的作品。

(　　)3. 实训期间请假时间超过全部实训时间的三分之一以上(含三分之一)者,或无故缺勤三天以上(含三天)者,取消其实训资格和实训成绩。

(　　)4. 安全是指客观事物的危险程度能够被人们普遍接受的状态。

(　　)5. 操作机床时,同组人员超过两人时,可以两人同时进行操作。

(　　)6. 实训期间可随意使用手机等通讯设备。

(　　)7. 实训期间不可穿短裤、裙子、背心、拖鞋、高跟鞋进行实训。

(　　)8. 缺乏安全知识和经验或不知道有危险,是不安全行为发生的原因之一。

(　　)9. 三不违反是指不违章指挥、不违章操作、不违反劳动纪律。

(　　)10. 实训结束后做好仪器、设备、工量具和教学用品的归位和维护保养是职业素质的基本要求。

三、单选题(共15分,每题3分)

得分	

1. 以下警告标志表示的是__________

A. 当心火电　　B. 当心雷电　　C. 当心触电

2. 以下禁止标志表示的是__________

A. 禁止点火　　B. 禁止吸烟　　C. 禁止玩火

3. 以下警告标志表示的是__________

A. 注意伤手　　B. 当心机械伤手　　C. 当心腐蚀

4. 以下指令标志表示的是__________

A. 必须戴安全帽　　B. 必须戴防护眼镜　　C. 当心落物

5. 以下禁止标志表示的是__________

A. 当心伤手　　B. 禁止触摸　　C. 禁止抛物

工程训练(Ⅰ)报告(车工部分)

工种成绩评定 ________ 指导教师签字:________

姓　　名:__________ 学　　号:__________ 实训日期:__________

学　　院:__________ 专业班级:__________

一、填空题(共 40 分,每空 2 分)

得分	

1. 写出下列图对应的加工类型。

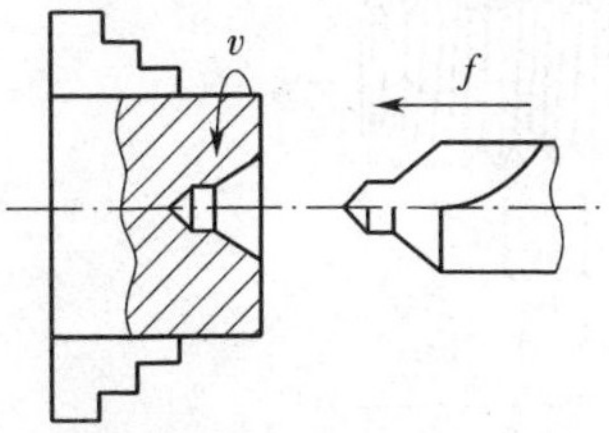

(1)________________

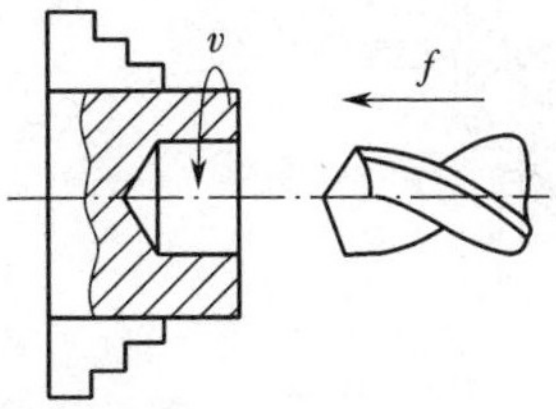

(2)________________

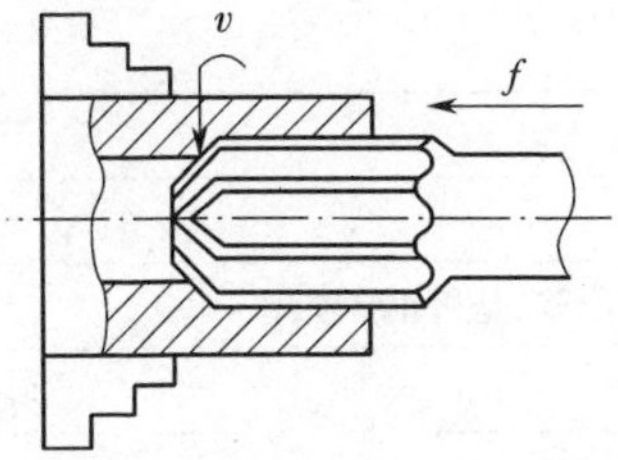

(3)________________

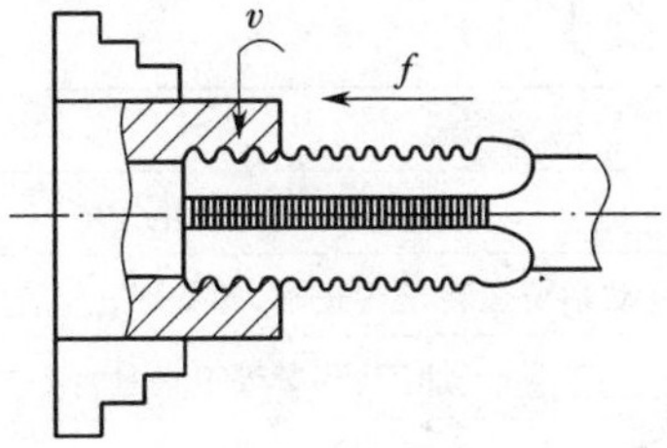

(4)________________

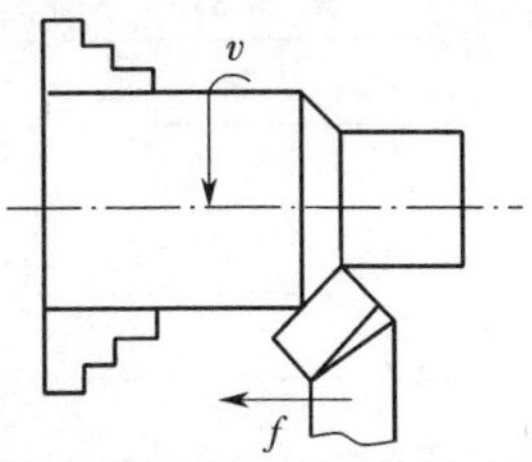

(5)________________

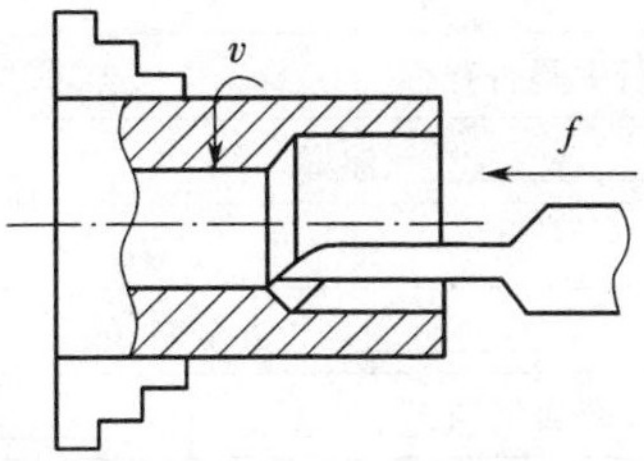

(6)________________

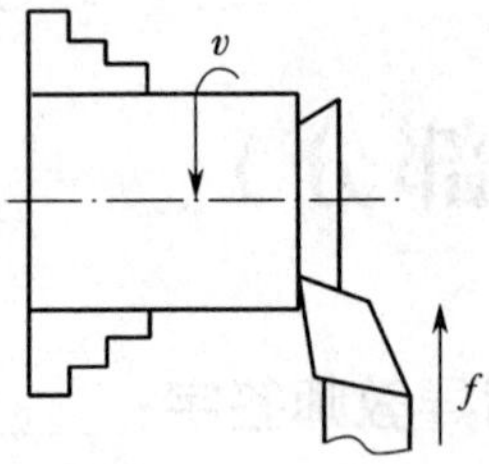

(7)____________________

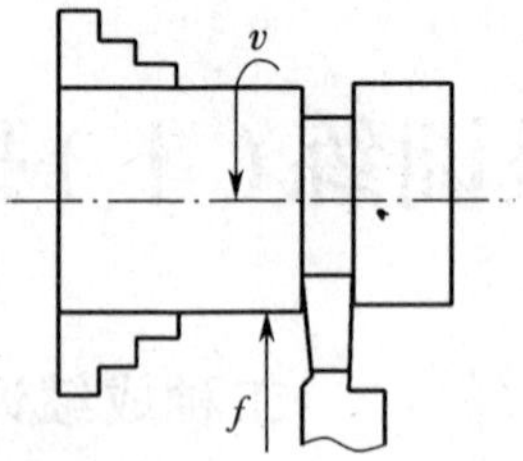

(8)____________________

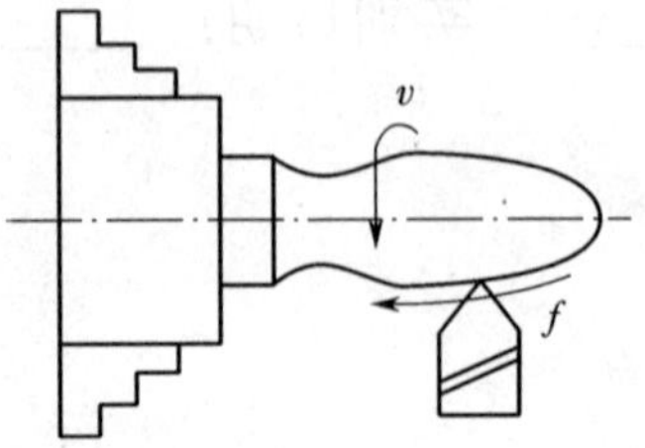

(9)____________________

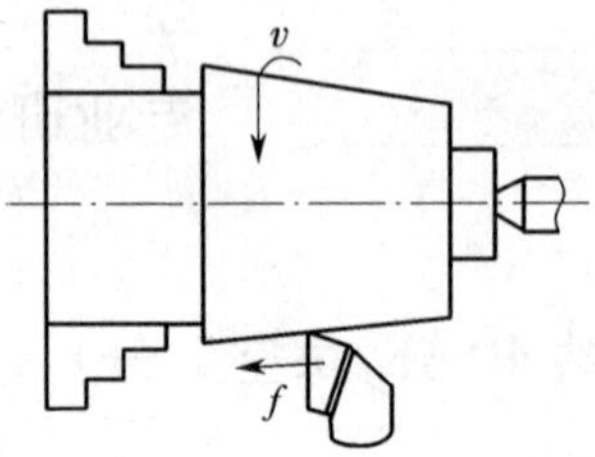

(10)____________________

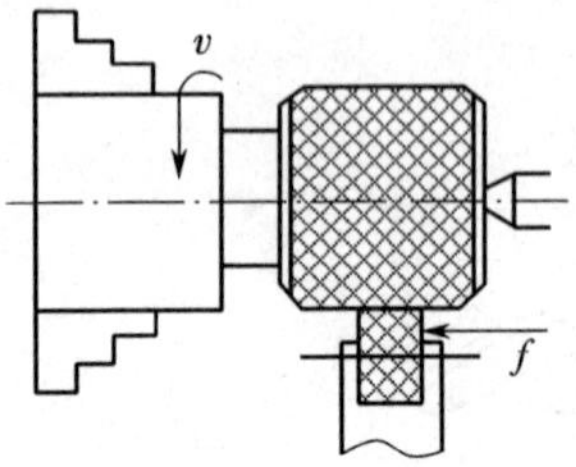

(11)____________________

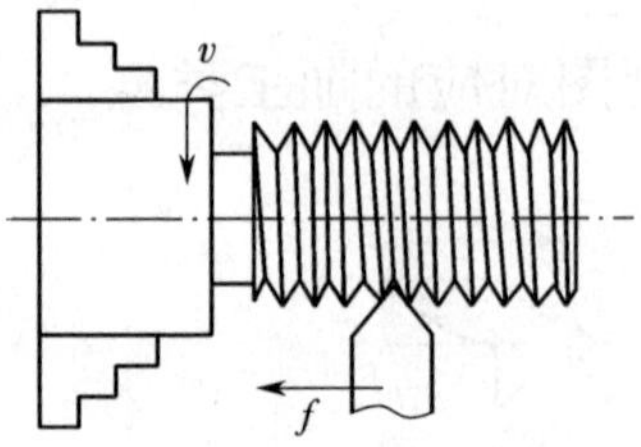

(12)____________________

2. 车床点检卡

点检内容	工作前
	1. 检查电源、____________、灯光是否正常
	2. 检查机床传动系统运转是否正常,各变速,__________是否在正确位置、是否正常使用
	3. 检查____________、加工、测量等工具是否齐全、完好
	4. 检查____________是否齐全完好
	工作中
	5. 观察机床运行中是否有____________、异味、异常状况
	6. 观察有无____________、渗漏
	工作后
	7. 检查__________________是否齐全完好
	8. 检查机床内外是否清洁,__________________,锈蚀

二、写出下图普通车床各部分名称及其作用。(共 26 分,每行 2 分)

得分	

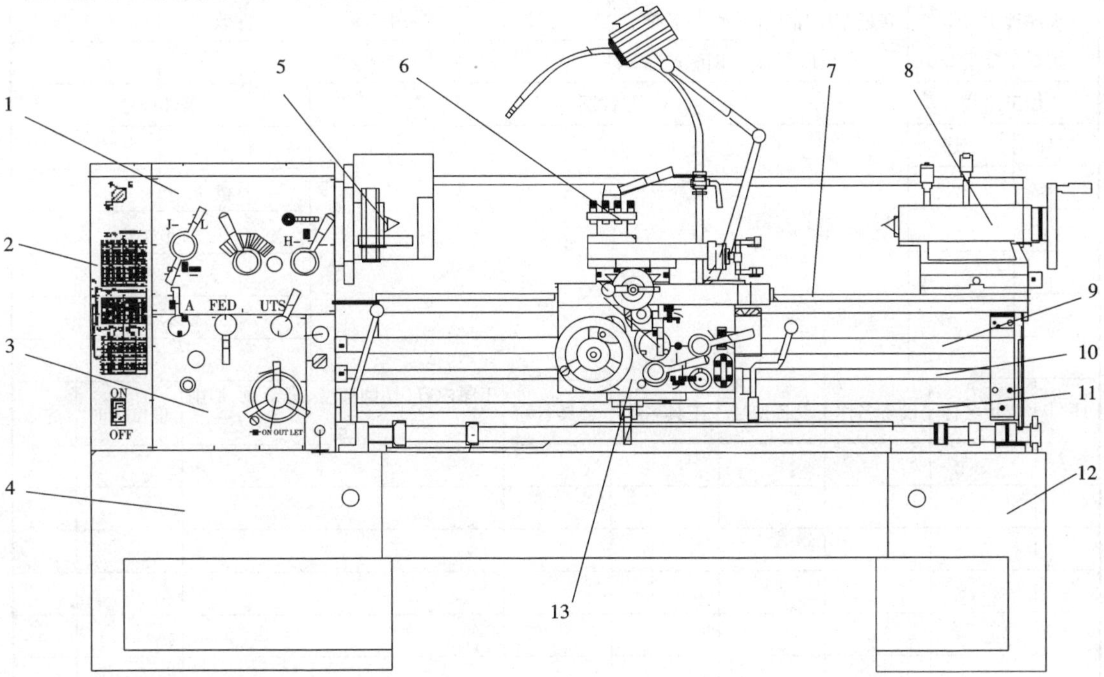

序号	名称	作用
1		
2		
3		
4		
5		
6		
7		
8		
9		
10		
11		
12		
13		

三、绘制你所车削零件的加工工序卡(共34分)

得分	

<table>
<tr><td colspan="2" rowspan="2">天津理工大学
工程训练中心</td><td rowspan="2">普通车床加工
工艺卡</td><td>产品名称</td><td>零件号</td><td>零件名称</td><td>件数</td><td>第1页</td></tr>
<tr><td>训练产品</td><td></td><td></td><td></td><td>共　页</td></tr>
<tr><td colspan="2">加工路线</td><td colspan="4">零件图</td><td colspan="2">零件规格</td></tr>
<tr><td>工种</td><td>工序</td><td colspan="4" rowspan="6"></td><td>材料</td><td></td></tr>
<tr><td></td><td></td><td>质量</td><td></td></tr>
<tr><td></td><td></td><td colspan="2">毛坯尺寸</td></tr>
<tr><td></td><td></td><td colspan="2"></td></tr>
<tr><td></td><td></td><td colspan="2">技术要求</td></tr>
<tr><td></td><td></td><td colspan="2"></td></tr>
</table>

序号	工步名称	设备名称	设备型号	工具名称	量具名称	工序内容(切削速度、进给量、切削深度)	单位工时	备注

工程训练(Ⅰ)报告(钳工部分)

工种成绩评定 ________ 指导教师签字:________

姓　　名:__________　学　　号:__________　实训日期:__________
学　　院:__________　专业班级:__________

[核心提示]:钳工是在钳工台上用虎钳夹持工件并用手工方式对工件进行加工的工艺,实习中要掌握了解钳工安全操作规程、基本加工工艺、工具使用方法,并保持工作场地环境整洁良好。

一、判断题(共6分,每题1分)

得分	

(　　)1. 操作台钻时应将头发扎进帽子并禁止佩戴手套。
(　　)2. 锯切深度大于手锯高度时,锯条应垂直手锯平面安装。
(　　)3. 钻孔出现意外时应立即停车并立即报告指导老师。
(　　)4. 高度游标卡尺也可用于毛坯划线。
(　　)5. 加工螺纹时丝锥或扳牙用力过猛不会造成机械伤害。
(　　)6. 工件锯割开始或将要切断时,须轻轻推锯以防滑出伤手。

二、填空题(共10分,每空1分)

得分	

1. 锯割软材料时多用____________齿锯条,锯割薄材料时多用____________齿锯条。
2. 划线常用三大类工具包括____________、____________、____________。
3. 锯条折断的原因一般为装夹____________或____________。
4. 平面的锉削方法有____________锉法、____________锉法和____________锉法。

三、选择题(共10分,每题2分)

1. 锉削时,锉刀的用力应是在__________

A. 推锉时　　B. 回锉时　　C. 推锉和回锉时

2. 平板锉刀适宜锉削__________

A. 内凹曲面　　B. 平面和外凸面　　C. 圆孔

3. 锯割速度过快时,锯齿易磨损,这是因为__________

A. 同时参加切割的齿少　　B、锯条因发热退火

C. 省时间

4. 攻丝时每正转0.5~1圈时,应翻转1/4~1/2圈,是为了__________

A. 减小摩擦　　B. 便于切屑折断　　C. 看孔是否校正

5. 以下哪些行为是错误的__________

A. 锉刀放置伸出工作台外　　B. 钻孔时与他人攀谈

C. 使用的锉刀无手柄　　D. 操作前不检查工具是否完好

四、计算题(共10分,每题5分)

得分	

1. 在铸铁上攻M8×1.25 mm的内螺纹,计算底孔直径。

2. 用板牙切割M8×1.25 mm的外螺纹,计算棒料直径。

五、画图题(共24分,每个名称1分)

标出下图中麻花钻各部分名称。

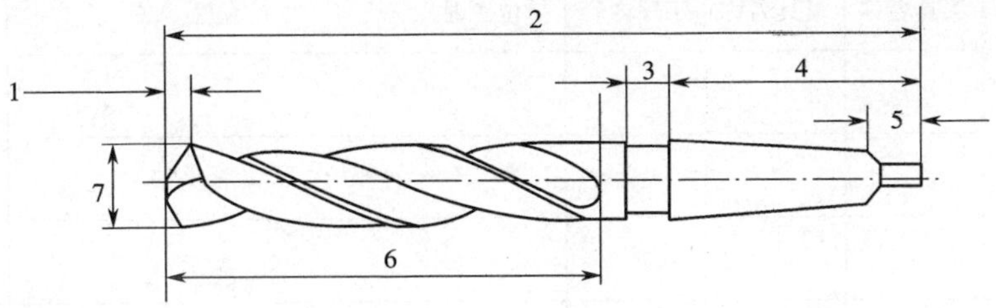

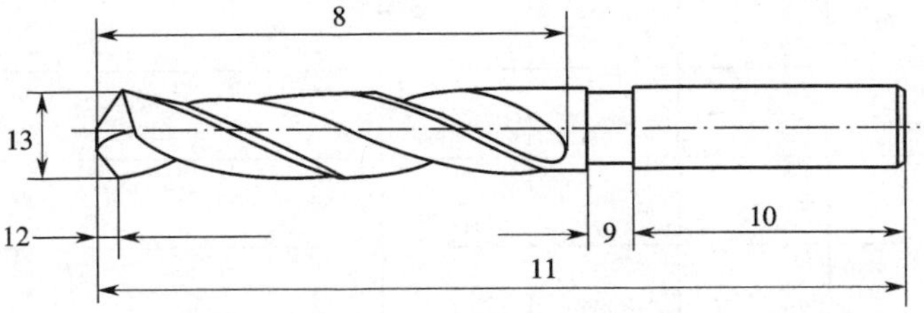

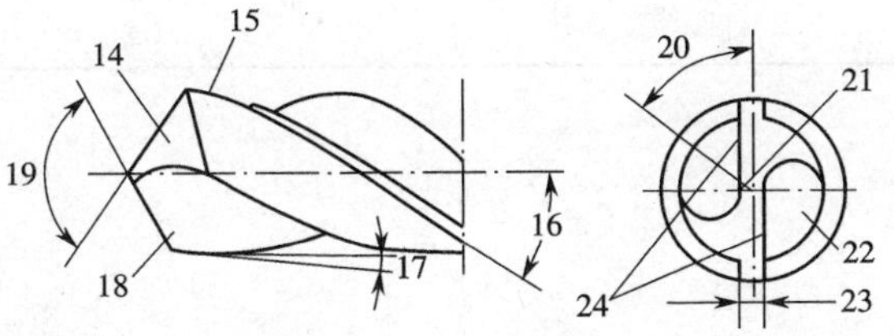

1. ____________ 2. ____________ 3. ____________ 4. ____________

5. ____________ 6. ____________ 7. ____________ 8. ____________

9. ____________ 10. ____________ 11. ____________ 12. ____________

13. ____________ 14. ____________ 15. ____________ 16. ____________

17. ____________ 18. ____________ 19. ____________ 20. ____________

21. ____________ 22. ____________ 23. ____________ 24. ____________

六、填表题(共40分,零件图15分,其他每空0.5分)

天津理工大学 工程训练中心		钳工加工 工艺卡	产品名称	零件号	零件名称	件数	第　页
							共　页
加工路线		零件图				零件规格	
工种	工序					材料	
						质量	
						毛坯尺寸	
						技术要求	

序号	工步名称	工具名称	量具名称	工序内容	单位工时	备注		
1								
2								
3								
4								
5								
6								
7								
8								

工程训练(Ⅰ)报告(铣刨磨部分)

工种成绩评定 ________ 指导教师签字:________

姓　　名:__________ 学　　号:__________ 实训日期:__________

学　　院:__________ 专业班级:__________

一、填空(共 20 分,每空 2 分)

得分	

1. 开动铣床前要先检查铣床__________控制手柄是否放在正确位置,铣刀和__________距离是否安全。

2. 机床加工过程中,操作者要精力集中,严禁擅自______________操作岗位,发生紧急情况应立即按下______________色______________按钮。

3. 操作者站立位置要正确,操作者一定要避开______________可能飞出的方向,以防发生______________。

4. 加工工件时,不允许两个方向同时进行______________,在确定铣刀停止______________后,才能动手拆卸铣刀及______________。

二、判断题(共 15 分,每题 3 分)

得分	

(　　)1. 使用铣床加工时可以通过手摇操作手柄的方式代替自动进给方式加快加工速度。

(　　)2. 在铣床正在自动进给运行过程中,可以同时使用同方向的手动控制操作杆。

(　　)3. 使用牛头刨床加工时,操作者在滑轨运动方向上进行操作。

(　　)4. 磨床操作时,操作者站在砂轮旋转平面上观察磨削效果。

(　　)5. 应严格按照分组进行操作,禁止到其他机床进行操作。

三、选择题(共 20 分,每题 4 分)

1. 铣床加工中使用的量具主要有以下哪些＿＿＿＿＿＿

A. 游标卡尺　　B. 圆度仪　　C. 直角尺　　D. 直尺

2. 铣床加工中使用的铣床是以下哪种铣床＿＿＿＿＿＿

A. 立式铣床　　B. 卧式铣床　　C. 龙门铣床　　D. 仪表铣床

3. 常见的铣削平面形位公差有以下哪几种＿＿＿＿＿＿

A. 平行度　　B. 平面度　　C. 表面结构参数　　D. 垂直度

4. 加工图纸工件某尺寸为 40 ± 0.50 mm,以下哪些尺寸不符合要求＿＿＿＿＿＿

A. 39.50 mm　　B. 38.75 mm　　C. 41.00 mm　　D. 40.20 mm

5. 除完成工件加工以外,以下哪些工作也属于实习要求＿＿＿＿＿＿

A. 填写设备点检卡　　B. 清理机床及场地

C. 归还量具工具　　D. 垃圾分类处理

四 、问答题(共 45 分)

得分	

1. 指出万能外圆磨床各部件名称。(14 分,每空 2 分)

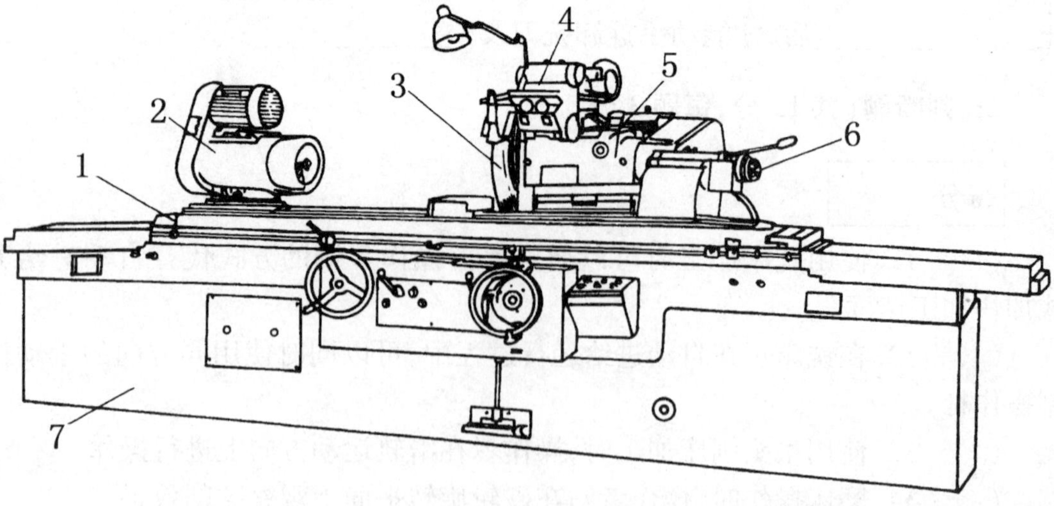

1. ＿＿＿＿＿＿ 2. ＿＿＿＿＿＿ 3. ＿＿＿＿＿＿ 4. ＿＿＿＿＿＿

5. ＿＿＿＿＿＿ 6. ＿＿＿＿＿＿ 7. ＿＿＿＿＿＿

2. 指出牛头刨床各部位名称。(16 分,每空 2 分)

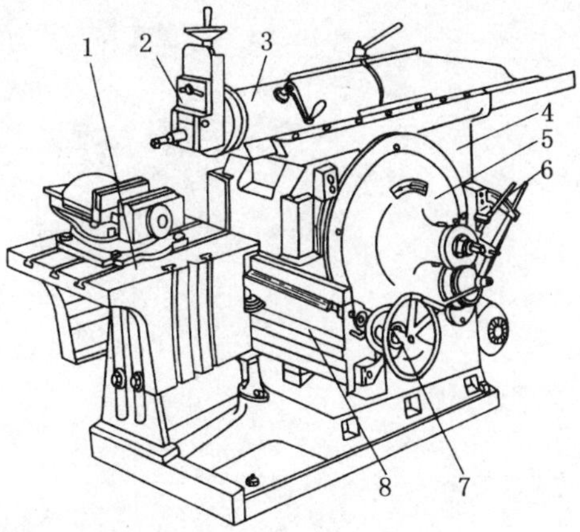

1. ____________ 2. ____________ 3. ____________ 4. ____________

5. ____________ 6. ____________ 7. ____________ 8. ____________

3. 简述周铣法的定义,绘图说明逆铣与顺铣的区别。(15 分)

工程训练（Ⅰ）报告（铸造部分）

工种成绩评定 ________ 指导教师签字：________

姓　　名：__________ 学　　号：__________ 实训日期：__________

学　　院：__________ 专业班级：__________

一、填空（共30分，每空2分）

得分	

1. 在进行铸造操作前，首先要核对__________，然后检查__________，确认本岗位危险因素。

2. __________是指上半砂型与下半砂型的分界面或相互接触的面。选择时要考虑取模方便，多数情况下选取模样的__________。

3. 砂箱在造型时用来__________，浇注时对砂型起__________作用。

4. 起模针是从砂型中取出__________的工具。

5. 镘刀（砂刀）用于修整砂型表面以及__________。

6. 砂勾用于__________，或勾出砂型中的散砂、杂物等。

7. 型砂应具备的性能有__________、__________、__________、__________、紧实度和紧实率等。

8. 为改善型砂的某些性能而加入的材料称为__________。

二、判断题（共10分，每题2分）

得分	

(　　)1. 如果型砂的透气性不好，部分气体无法排出，就会留在铸件中形成气孔，甚至引起浇不足的现象。

(　　)2. 砂中 SiO_2 的含量越高，型砂的耐火性就越好；型砂的粒度越大，耐火性也越好。

(　　)3. 底板用于刮去高出砂箱上平面的型砂和修整大平面。

(　　)4. 当铸件的最大截面不在铸件的一端时，模样沿最大截面处分为两半的分开模,造型时模样分别在上下型内,分型面是平面,此造型方法为三箱造型。

(　　)5. 活块造型的操作难度大,对工人操作技术要求较高,但生产率高,适用于批量生产。

三、选择题(共20分,每空2分)

得分	

1. 工作服袖口扣紧,可以穿__________进入铸造实习场地。

A. 凉鞋　　B. 拖鞋　　C. 劳保鞋　　D. 高跟鞋

2. 下列哪一项不可能是型砂的组成成分__________。

A. 黏土　　B. 煤粉　　C. SiO_2　　D. 玻璃

3. 舂砂锤其一端形状为尖圆头,用于舂实模样周围和靠近内壁砂箱处或狭窄部分的型砂,保证__________;另一端为平头板,用于__________。

A. 砂型内部紧实　　B. 砂箱底部的紧实

C. 砂型外部紧实　　D. 砂箱顶部的紧实

4. 将铸件从砂型中取出来的工序过程叫做__________。

A. 浇注　　B. 落砂　　C. 清理　　D. 检验

5. 铸铁的熔炼设备中,目前应用最为广泛的是__________。

A. 冲天炉　　B. 电弧炉　　C. 工频炉　　D. 高频炉

6. 在砂型铸造中,目前大多采用的黏结剂是__________。

A. 水玻璃　　B. 膨润土　　C. 黏土　　D. 树脂

7. 整模造型适用于外形轮廓的顶端截面大、平直且形状简单的铸件,如__________。

A. 齿轮　　B. 套筒　　C. 手轮　　D. 阀体

8. 当铸件的最大截面在中部,其模样可沿最大截面分为两半的造型方法为__________。

A. 挖砂造型　　B. 分模造型　　C. 三箱造型　　D. 活块造型

9. 下列造型方法中,不是特种铸造的是__________。

A. 熔模铸造　　B. 金属型铸造　　C. 砂型铸造　　D. 离心铸造

四 、简答题(共40分)

得分	

1. 铸造的基本概念。(10分)

2. 浇注系统的概念及作用。(10分)

3. 按下图图例,以手轮铸件为例说明挖砂造型的过程及其特点。(20分)

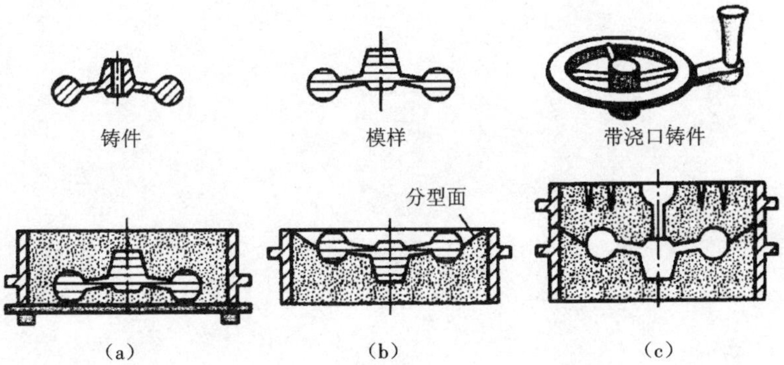

工程训练(Ⅰ)报告(数控部分)

工种成绩评定 ________ 指导教师签字:________

姓　　名:________ 学　　号:________ 实训日期:________

学　　院:________ 专业班级:________

一、填空(共 20 分,每空 2 分)

得分	

1. 在型号为 DK7632 的数控电火花线切割机床中,D 表示________。
2. FANUC 系统中指令 G41、G42 含义分别是________。
3. 在 FANUC 系统中,M03 含义是________,M30 含义是________。
4. 数控线切割加工编程时,计数长度的单位应为________。
5. 刀具补偿包括刀具________补偿和刀具________补偿。
6. 数控电火花线切割机床按电极丝运动方式分为________和________两种。
7. ________是表示数控机床编程系统切削液打开的指令。

二、判断题(共 20 分,每题 2 分)

得分	

(　　)1. 数控车床的转塔刀架机械结构简单,使用中故障率相对较高,因此在使用维护中要足够重视。

(　　)2. 奉献社会是职业道德中的最高境界。

(　　)3. 用一次安装方法车削套类工件,如果工件发生移位,车出的工件会产生同轴度、垂直度误差。

(　　)4. 数控电火花线切割加工属于热加工。

(　　)5. M02 和 M03 都是程序结束,它们之间没有任何区别。

(　　)6. G00、G01 指令都能使机床坐标轴准确到位,因此它们都是插补指令。

(　　)7. 手动返回参考点即为机床通电后必须首先进行的机床回零,如果机床不首先回零则不能运行程序进行加工。

(　　)8. 数控加工程序调试的目的:一是检查所编程序是否正确,再就是把机床零点和编程零点相统一。

(　　)9. 所谓的非模态指令指的是在本程序段有效,不能延续到下一段指令。

(　　)10. 手工建立新程序时,必须首先输入的是程序名。

三 、单项选择题(共 20 分,每题 2 分)

得分	

1. 程序 G02 X20 Y20 R－10 F100,所加工的一般是__________。

A. 整圆　　B. 夹角≤180°的圆弧
C. 夹角≥180°的圆弧　　D. 等于 180°的圆弧

2. FANUC 系统中__________必须在操作面板上预先按下“选择停止开关”时才起作用。

A. M01　　B. M00　　C. M02　　D. M30

3. 数控电火花高速走丝线切割加工时,所选用的工作液和电极丝为__________。

A. 纯水、钼丝　　B. 机油、黄铜丝
C. 乳化液、钼丝　　D. 去离子水、黄铜丝

4. 称为辅助功能代码的是__________。

A. F 代码　　B. G 代码　　C. T 代码　　D. M 代码

5. 加工中心与数控铣床的主要区别是__________。

A. 数控系统复杂程度不同　　B. 机床精度不同
C. 有无自动换刀系统　　D. 主轴锥度不同

6. 在一定的生产条件下,以最少的__________和最低的成本费用,按生产计划的规定,生产出合格的产品是制定工艺规程应遵循的原则。

A. 电力消耗　　B. 劳动消耗　　C. 材料消耗　　D. 物资消耗

7. 数控机床坐标系判别方法采用右手直角笛卡儿坐标系法(右手定则)。其中增大工件和刀具距离的方向是__________。

A. 负方向　　B. 正方向
C. 任意方向　　D. 条件不足不确定

8. 圆弧插补指令 G03 X Y R 中 X、Y 后的值表示圆弧的＿＿＿＿＿＿＿。

A. 起点坐标值　　　　　　　　　　B. 终点坐标值

C. 圆心坐标相对于起点的值　　　　D. 终点和起点的差值

9. 对于数控线切割机床加工，下列说法正确的有：＿＿＿＿＿＿＿。

A. 线切割加工圆弧时，其运动轨迹是折线

B. 线切割加工圆弧时，其运动轨迹是斜线

C. 加工斜线时，取加工的终点为编程坐标系的原点

D. 加工圆弧时，取圆心为切线坐标系的原点。

10. 称为辅助功能代码的是＿＿＿＿＿＿＿。

A. F 代码　　B. G 代码　　C. T 代码　　D. M 代码

三 、简答题(共 20 分，每题 10 分)

得分	

1. 简述特种加工主要用于加工何种类型的材料和零件及特种加工的特点。

2. 简述数控机床的工作原理。

四、创新题(共 20 分)

得分	

自己设计绘制一工件图，并编制其加工程序。

工程训练（Ⅰ）报告（焊接部分）

工种成绩评定＿＿＿＿＿　指导教师签字：＿＿＿＿＿

姓　　名：＿＿＿＿＿＿　学　　号：＿＿＿＿＿＿　实训日期：＿＿＿＿＿＿

学　　院：＿＿＿＿＿＿　学业班级：＿＿＿＿＿＿

一、判断题（共10分，每题2分）

得分	

（　　）1. 焊接时无防护的皮肤和眼睛会受到强烈的紫外线灼伤。

（　　）2. 氧乙炔气割发生回火时，应先关闭割炬的乙炔气阀再关闭氧气气阀。

（　　）3. 乙炔气瓶运输后可以直接倒放使用。

（　　）4. 焊接裂纹不影响焊件机械强度。

（　　）5. 焊接检测中，点状夹渣与气孔是等效对待的。

二、选择题（共20分，每题4分）

得分	

1. 焊接接头形式常见的有＿＿＿＿＿＿

A. 对接接头　　B. 搭接接头　　C. 角接接头　　D. 拼接接头

2. 焊条电弧焊时需要佩戴哪些安全防护用具＿＿＿＿＿＿

A. 焊接面罩　　B. 皮脚盖　　C. 皮手套　　D. 防护眼镜

3. 氧乙炔气割作业时需要佩戴哪些安全防护用具＿＿＿＿＿＿

A. 安全帽　　B. 皮手套　　C. 皮脚盖　　D. 气割眼镜

4. 焊接无损检测常见的方法有＿＿＿＿＿＿

A. 超声波探伤　　B. X射线探伤　　C. 磁粉检测　　D. 侧弯试验

5. 以下关于焊接裂纹的说法正确的是＿＿＿＿＿＿

A. 焊接裂纹属于严重的焊接缺陷，危及焊接结构的安全使用

B. 通过合理设定焊接规范和工艺，可以预防焊接裂纹的产生

C. 焊接后焊缝中存在的游离氢可导致冷裂纹

D. 磁粉检测可以发现焊缝内部的焊接裂纹

三、填空(共20分,每空2分)

得分	

1. 焊接常见的引弧方法包括____________和____________。

2. 焊接常见的运条方法包括____________、____________等。

3. 氧乙炔气割时,乙炔气瓶与氧气瓶之间的距离应大于____________米,气瓶与动火点距离应大于____________米。

4. 根据国家标准GB 7144《气瓶颜色标志》对于瓶身颜色和气体种类字样的规定,氧气瓶应为____________色瓶身,____________色字体,乙炔气瓶应为____________色瓶身,____________色字体。

四、简答题(共30分,每题10分)

得分	

1. 能够连续进行气割的金属材料必须满足哪些条件?

2. 焊接时产生夹渣的原因是什么?

3. 简述焊接无损探伤中超声波探伤方法的工作原理。

五、画图题(共 20 分,每空 2 分)

根据焊接规范在图中标注相关内容。

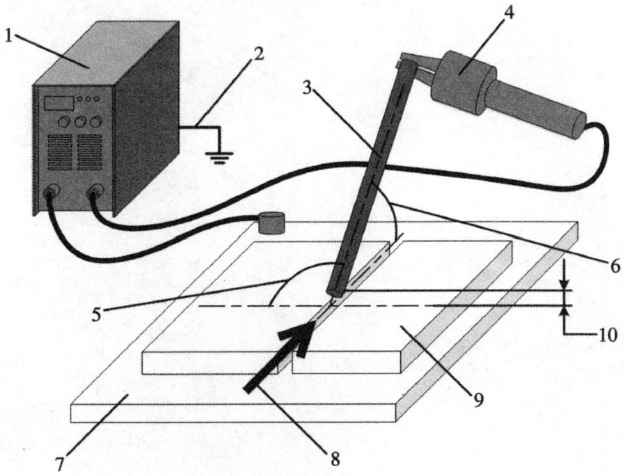

1. ____________ 2. ____________ 3. ____________ 4. ____________

5. ____________ 6. ____________ 7. ____________ 8. ____________

9. ____________ 10. 电弧长度____________

工程训练(Ⅰ)报告(热处理部分)

工种成绩评定 ________ 指导教师签字:________

姓　　名:__________　学　　号:__________　实训日期:__________
学　　院:__________　专业班级:__________

一、判断题(共10分,每空2分)

得分	

(　　)1. 退火是将钢加热到适当的温度,保温一定的时间,然后缓慢冷却的热处理工艺。

(　　)2. 淬火时冷却速度必须要小于临界冷却速度。

(　　)3. 操作金相试样磨抛机时为防止受伤可佩带手套。

(　　)4. 压入式硬度是金属材料常用的性能检测方法。

(　　)5. 使用洛氏硬度计加载主载荷前应先将小指针对准红点。

二、选择题(共20分,每题4分)

得分	

1. 磨抛金属试样时需要注意哪些安全操作要求__________

A. 佩戴防护眼镜　　B. 佩戴防噪音耳塞

C. 女生佩戴工作帽　　D. 佩戴手套

2. 试样磨抛后表面需符合以下哪些技术要求__________

A. 磨抛面无偏斜　　B. 磨抛面表面结构参数 Ra 小于 0.8μm

C. 磨抛面无明显划痕　　D. 磨抛面无附着物和锈蚀

3. 淬火操作时需注意以下哪些操作要求__________

A. 尽量减少试样在空气中暴露的时间

B. 试样应完全浸入淬火液并缓慢搅拌

C. 由加热炉取出试样时应使用坩埚钳并佩戴隔热手套

D. 应先切断加热炉电源后再取出试样

4. 常用的金属材料硬度测量方法有以下哪几种__________

A. 邵氏硬度　　B. 洛氏硬度　　C. 莫氏硬度　　D. 维氏硬度

5. 热处理实习中存在的伤害可能为哪些__________

A. 被加热试样烫伤　　B. 手卷入磨抛机转盘缝隙

C. 被试样边缘划伤　　D. 由高处坠落摔伤

三、填空题(共 20 分,每空 2 分)

得分	

1. 洛氏硬度计具备的三种标尺分别是__________、__________和__________。

2. 硬度计工作台手柄顺时针旋转时工作台将__________。

3. 金相显微镜应先对__________调焦,再对__________调焦。

4. 实习中维氏硬度测试使用的是__________压头。

5. 磨抛试样时使用的磨抛材料包括__________、__________、__________。

四、填表题(共 30 分,每空 2 分)

得分	

根据《GB/T 699 优质碳素结构钢》填写 45 号钢相关技术要求。

1. 主要化学成分

C/%	Si/%	Mn/%	P/%	S/%

2. 主要力学性能

抗拉强度/MPa	下屈服强度/MPa	断后伸长率/%	断面伸缩率/%	冲击吸收能量/J

3. 热处理工艺指标

正火加热温度/℃	淬火加热温度/℃	回火加热温度/℃	淬火保温时间/min	淬火冷却方式

五、分析题(共20分)

得分	

记录试样的洛氏和维氏硬度值,并根据《GB/T 1172 黑色金属硬度及强度换算值》将维氏硬度换算为洛氏硬度。

(1)洛氏硬度值测量结果。(5分,每空1分)

洛氏硬度				
硬度标尺	硬度值1	硬度值2	硬度值3	平均硬度值

(2)维氏硬度值测量结果。(5分,每空1分)

维氏硬度				
硬度标尺	对角线1 mm	对角线2 mm	平均值 mm	硬度值

(3)硬度值换算。(10分,每空5分)

试样测量的维氏硬度:________________

试样换算的洛氏硬度:________________

工程训练（Ⅰ）报告（机电部分）

工种成绩评定 ________ 指导教师签字：________

姓　　名：__________ 学　　号：__________ 实训日期：__________

学　　院：__________ 专业班级：__________

一、选择题（共 40 分，每题 4 分）

得分	

1.“双电控二位五通电磁阀”中的“五通”不包括以下__________选项。

A. 进气孔　B. 出气孔　C. 排气孔　D. 电控插孔

2. 实训中所用电磁阀的安全气压范围是__________。

A. 0.3 ~ 0.8 MPa　B. 0.15 ~ 0.8 MPa

C. 0.15 ~ 0.6 MPa　D. 0.3 ~ 0.6 MPa

3.“双作用气缸”是__________。

A. 气动控制元件　B. 气动执行元件

C. 气动辅助元件　D. 气压发生装置

4. 气压系统对环境造成的危害是__________。

A. 污染　B. 浪费　C. 噪声　D. 辐射

5. 以下不属于气源净化装置的是__________。

A. 后冷却器　B. 油雾器　C. 空气过滤器　D. 消音器

6. STEP7 - Micro/Win 可用于以下__________系列 PLC 的编程工作。

A. S7 - 200　B. S7 - 300　C. S7 - 400　D. 以上三者均可

7. 一般环境条件下允许持续接触的最高“安全特低电压”是__________。

A. 48 V　B. 36 V　C. 24 V　D. 12 V

8. PLC 的核心是__________。

A. 运算器　B. 控制器　C. 微处理器　D. 定时器

9. 以下不属于 PLC 特点的是__________。

A. 可靠性高　B. 抗干扰能力强

C. 易于安装调试　　　　　　　　　D. 能进行复杂的计算

10. PLC 最常用的编程语言是________。

A. C++　　　B. Basic　　　C. LAD　　　D. Pascal

二、简答题(共 60 分,每题 30 分)

得分	

1. 请结合下图回答问题。

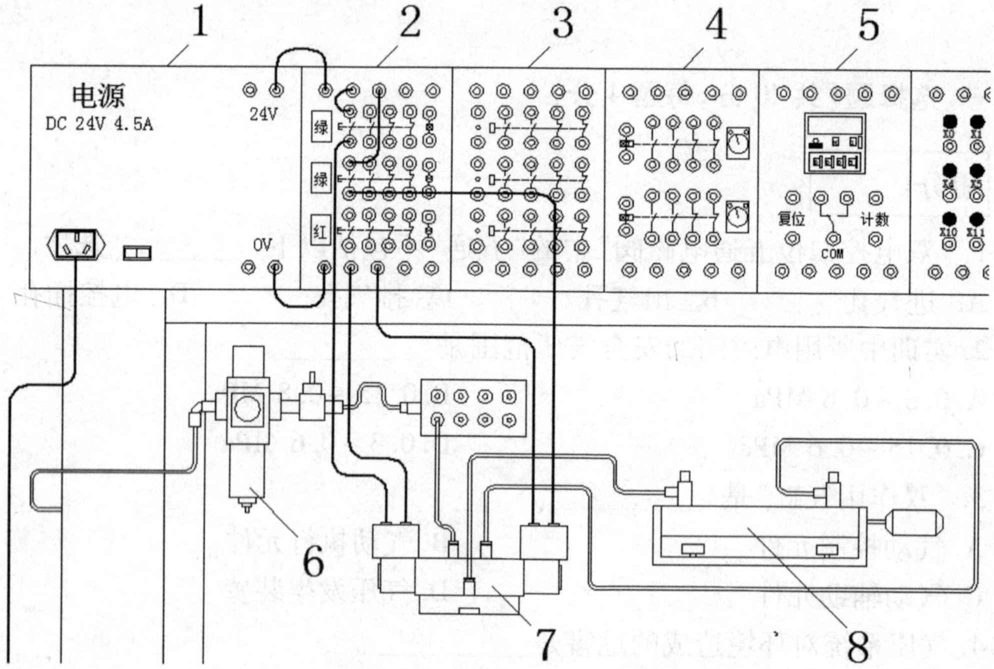

(1)根据上图,写出以下各部分名称。

1. ________________　　2. ________________

3. ________________　　4. ________________

5. ________________　　6. ________________

7. ________________　　8. ________________

(2)在连接错误的导线或气管上划"×"。

2. 写出下图各部分名称。

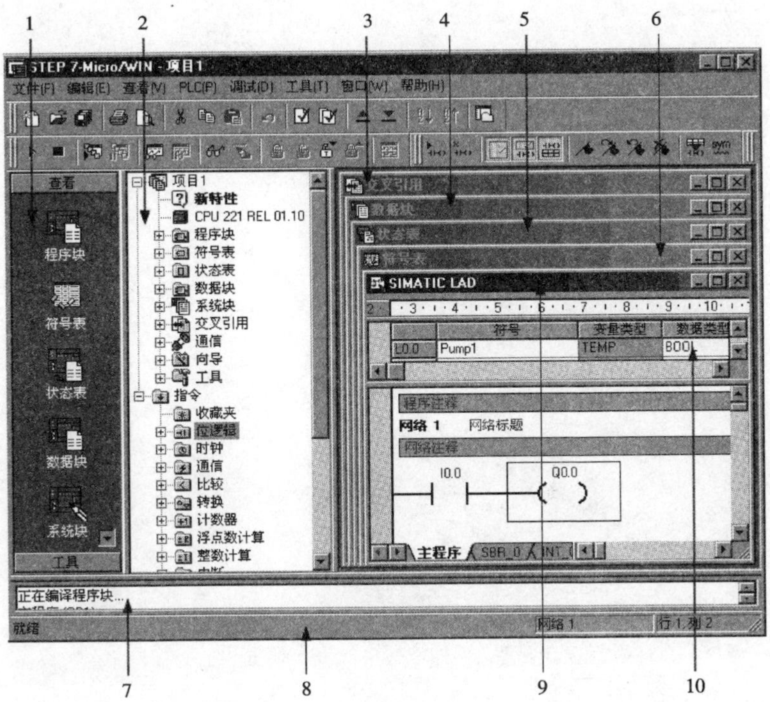

1. ______________________ 2. ______________________

3. ______________________ 4. ______________________

5. ______________________ 6. ______________________

7. ______________________ 8. ______________________

9. ______________________ 10. ______________________

工程训练（Ⅰ）报告（总结部分）

工种成绩评定＿＿＿＿＿＿＿　教师签字：＿＿＿＿＿＿＿

姓　　名：＿＿＿＿＿＿＿＿　学　　号：＿＿＿＿＿＿＿＿

学　　院：＿＿＿＿＿＿＿＿　专业班级：＿＿＿＿＿＿＿＿

工程训练（Ⅰ）总结

要求：以具体事例说明，通过工程训练（Ⅰ）你所获得的知识和体会（字数要求在300字以上）。